Sitzungsberichte
der Akademie der Wissenschaften
der DDR
Mathematik – Naturwissenschaften – Technik

14 N

1979

Ausgewählte Entwicklungsrichtungen der organischen Chemie

AKADEMIE-VERLAG · BERLIN

Sitzungsberichte
der Akademie der Wissenschaften
der DDR
Mathematik — Naturwissenschaften — Technik

Jahrgang 1979 · Nr. 14/N

Ausgewählte Entwicklungsrichtungen der organischen Chemie

AKADEMIE-VERLAG · BERLIN
1979

Vorträge des Festkolloquiums zu Ehren des
75. Geburtstages von Alfred Rieche, Ordentliches
Mitglied der Akademie der Wissenschaften der DDR,
veranstaltet von der Klasse Chemie und dem Zentral-
institut für organische Chemie der AdW der DDR
am 19. Mai 1977

Herausgegeben im Auftrage
des Präsidenten der Akademie
der Wissenschaften der DDR
von Vizepräsident Prof. Dr. Heinrich Scheel

Erschienen im Akademie-Verlag, 108 Berlin, Leipziger Str. 3–4

Lizenznummer: 202 · 100/266/79
Gesamtherstellung: VEB Druckhaus Köthen
Bestellnummer: 762 773 2 (2010/79/14/N) · LSV 1275
Printed in GDR
DDR 4.50 M

Inhalt

G. Keil

Laudatio

Sehr geehrter Herr Rieche, Herr Präsident, meine Damen und Herren!

Ich habe die Freude, das heutige Festkolloquium zu eröffnen, und möchte Ihnen, lieber Herr Rieche, im Namen aller hier Anwesenden und der vielen anderen Chemiker noch einmal zu Ihrem 75. Geburtstag gratulieren, Ihnen alles Gute wünschen und Sie bitten, uns Jüngeren auch weiterhin mit Rat und Tat zur Seite zu stehen.

Herr Hilgetag hat in seiner Laudatio zu Ihrem 65. Geburtstag festgestellt, daß „die Peroxidarbeiten nicht den ganzen Rieche ausmachen", und gesagt, daß es „typisch für Sie war und ist, daß keines der Ihnen angetragenen oder von Ihnen selbstgewählten Forschungsthemen nur angeschnitten wurde, sondern jedes bis zum gesetzten Ziel auch wirklich erschöpfend bearbeitet, und wenn es beim ersten Anlauf nicht gelang, oft Jahre später wieder neu in Angriff genommen wurde".

Da ich nun bei der Vorbereitung zu dieser Laudatio feststellen mußte, wie umfassend — vor allem auch von Herrn Klare — auf Ihre zahlreichen Arbeiten anläßlich Ihrer Jubiläen eingegangen wurde, möchte ich heute nur jenes wiederholen, was Herr Klare in seiner Laudatio feststellte. Er sagte, daß er mit der Darstellung Ihres Lebenswerkes gleichzeitig ein Stück Geschichte der organischen Chemie schildere. Diese Aussage zeigt doch sehr deutlich, wie hoch die Leistungen des Chemikers Rieche eingeschätzt werden, denn nur für wenige kann rückschauend eine solche Bilanz gezogen werden.

Ich habe mir in den letzten Wochen Literatur über Ihre Arbeiten und die der von Ihnen geleiteten Kollektive angesehen, so z. B. die Bücher mit den Forschungsergebnissen des Instituts für organische Chemie, Ihre Arbeiten zur Peroxidchemie und Ihr Lehrbuch über Technische Chemie, aber auch andere Unterlagen, die vor allem im Zusammenhang mit der Entwicklung des von Ihnen gegründeten und geleiteten Instituts in Berlin stehen. Dabei habe ich versucht herauszufinden, was auf Ihre großen Erfolge entscheidenden Einfluß gehabt hat. Ich meine damit nicht die Eigenschaften und das Wissen, die einen erfolgreichen Forscher ausmachen und über die hinreichend geschrieben wurde, sondern die Art und Weise, *wie* Sie diese Arbeit organisiert und geleitet haben, obwohl man z. B. 1954 zur Zeit der Gründung des Instituts für organische Chemie darunter — entsprechend dem Stand der gesellschaftlichen Entwicklung — etwas anderes verstand als heute. Diese Einschätzung war für mich, der ich den Weg dieser Entwicklung nur von der Entfernung kenne, schwierig, aber vielleicht ist für die Beantwortung einer solchen Frage auch der zeitliche Abstand von Vorteil, weil keine persönlichen Ergebnisse die Abbildung beeinflussen können.

Ich möchte davon ausgehen, daß wir uns alle um eine hohe Effektivität in unserer Arbeit bemühen. Nicht nur die Neugierde des Wissenschaftlers ist unsere Triebfeder, sondern vor allem die Verantwortung des Wissenschaftlers, Beiträge zur gesellschaftlichen Entwicklung zu leisten. *Deshalb* ist die Frage, wie Sie, lieber Herr Rieche, so erfolgreich sein konnten, für uns alle von Bedeutung. *Ihre* Erfahrungen bei der eigenen Arbeit zu verwenden, ist eine Bereicherung für uns, auch wenn wir natürlich heute vieles modifizieren müssen, denn die Entwicklung in unserer Republik ist stürmisch vorangegangen. Die Bewußtheit aller Werktätigen ist größer geworden, und die schöpferische Mitarbeit hat sich verstärkt. Aber nicht nur die Veränderung dieser Faktoren ist zu berücksichtigen. Viele weitere Veränderungen müssen beachtet werden, wie z. B. die Aufgabenstellung für die AdW, die umfassender und komplexer geworden ist. Ich erinnere nur an die engere Verflechtung zwischen Forschung und Produktion und den Einsatz neuer leistungsfähiger Methoden, Theorien und mathematischer Hilfsmittel. Die Mitverantwortung der Akademie-Institute für die Nutzung der wissenschaftlichen Ergebnisse hat sich erhöht, die Kollektive sind stärker interdisziplinär zusammengesetzt und notwendigerweise zahlenmäßig größer als früher. Auch die Institute sind gewachsen, und ihre Arbeitsaufgaben sind umfassender geworden.

Trotz allem gelten heute noch die Grundprinzipien für die wissenschaftliche Arbeit, die unsere anerkannten Chemiker, also auch Sie, Herr Rieche, angewendet haben, nämlich von einem klaren Ziel ausgehend über das leistungsfähige Experiment zu einer umfassenden Auswertung der Beobachtung zu kommen.

Als erstes möchte ich auf die schon genannte Bemerkung von Herrn Hilgetag zurückkommen. Aus den Publikationen kann man ersehen, daß Sie auf manchem Ihrer Arbeitsgebiete zeitweise mit hoher Intensität gearbeitet haben, zeitweise weniger daran getan haben und dann wiederum meist mit einer Modifizierung der tragenden Idee bzw. des Zieles der Arbeiten die Aufgabe erneut in Angriff genommen und gelöst haben. Sie haben aber nur dann wieder Aufwand in die Bearbeitung gesteckt, wenn Sie sich über die Lösungsmöglichkeit des gesteckten Zieles bzw. den dazu notwendigen Weg eine gewisse Sicherheit verschafft hatten und haben vor allem erst dann davon gesprochen. Außerdem glaube ich, daß Sie bei Ihren Arbeiten, wenn auch vielleicht nicht immer von vornherein, so doch zu einem sehr frühen Stadium Ziele für die Anwendung der Ergebnisse gesucht und gefunden haben. Sie haben Ihre Forschung nicht rein akademisch angelegt. Wenn die Publikationen das auch nicht explizit erkennen lassen, so ist doch deutlich aus der unter Ihrer Anleitung entstandenen Anwendung der Ergebnisse zu sehen, daß Sie immer mit großem Einsatz bemüht waren, diese in die Industrie einzuführen, wobei Ihnen Ihre große Übersicht genauso zugute kam wie die guten Verbindungen zur chemischen Industrie.

Sie, lieber Herr RIECHE, hatten also Ihre Erfolge auch, weil Sie dem Leitspruch unserer Akademie „Theorie mit Praxis" entsprochen haben, enge Verbindungen zur Industrie pflegten und die Notwendigkeiten für die Entwicklung in der Industrie in großer Breite aus eigenem Erleben kannten.

Überraschend ist gleichfalls die Breite der Arbeiten, die unter Ihrer Anleitung durchgeführt oder durch Sie angeregt wurden. Sie selbst müssen demnach Ihre wissenschaftliche Arbeit niemals eng und spezialisiert gesehen haben. Auch daß Sie einerseits an der Akademie der Wissenschaften der DDR das Institut für organische Chemie leiteten, andererseits die Chemie in Jena und Berlin vertraten, ist ein Ausdruck für Ihre umfassenden Interessen und Fähigkeiten. Ich glaube, daß insbesondere die Kombination organische Chemie und technische Chemie für Sie überhaupt nicht die Frage nach zwei Teildisziplinen der Chemie gegeben hat. Nicht nur durch Ihren Entwicklungsweg, sondern auch durch Ihre Neigung und Veranlagungen erschienen Ihnen beide Gebiete immer als eine notwendige Einheit. Ich halte diese Art der umfassenden Betrachtung für einen weiteren Punkt, der zu den Erfolgen in Ihrer Arbeit führte.

Betrachtet man Ihre Arbeiten unter dem Aspekt der organischen Chemie, so fällt auch hier die große Breite mit eindeutiger Orientierung auf Schwerpunkte der Entwicklung der Industrie auf. Ich will nicht alle von Ihnen ausgeübten Arbeitsrichtungen aufzählen, aber einige wenige nennen: Das sind die Untersuchungen über Peroxide und Ozonide, die Arbeiten zu Zwischenprodukten für Farbstoffe und Pharmazeutika und für Wasch- und Textilhilfsmittel, zu Pflanzenschutzmitteln und auch zu Riechstoffen. Aber auch andere Arbeiten, wie z. B. auf dem Gebiet der Polyvinylverbindungen, der Nutzung der Buchenholzsulfitablauge, vor allem durch Verhefung, und der mikrobiellen Verwertung industrieller Abwässer, bestätigen die von mir genannte Feststellung. Sicher bin ich, daß Sie durch die Vielgestaltigkeit der Arbeit immer wieder von der einen Fragestellung Anregungen für die Lösung der anderen bekommen haben. Die Sicherung der notwendigen wissenschaftlichen Tiefen haben Sie immer durch den richtigen Einsatz Ihrer Mitarbeiter erreicht, vor allem aber wohl durch die richtige Frage- und Zielstellung für die Arbeiten. Das ausgewogene Verhältnis von Tiefe und Breite bei den verschiedenen Aufgaben ist sicher einer der Faktoren für Ihre Erfolge.

Sie haben in Ihrer Entwicklung nicht nur auf der Grundlage einer langjährigen und erfolgreichen Industriearbeit aufbauen können, sondern sind bereits zu einem sehr frühen Zeitpunkt als Hochschullehrer mit der Ausbildung junger Chemiker in Berührung gekommen. Das ist für jeden Wissenschaftler von großer Bedeutung, weil er durch den Kontakt mit den Studenten und bei dem Bemühen um die richtige Vermittlung des richtigen Lehrstoffes immer wieder gezwungen ist, sich mit den Problemen der Entwicklung des Wissenschaftsgebietes auseinanderzusetzen und dadurch neue Ziele erkennt, die dann in der Forschung Eingang finden können. Jeder Hochschullehrer hat aber darüber hinaus den Vorteil, viele Anregungen auch aus der Lehre, aus dem Kreis der Studierenden zu bekommen, vor allem von denen, die Arbeiten zur Erlangung eines akademischen Grades durchführen.

Für Sie ist die Lehrtätigkeit wohl nie eine Nebenbeschäftigung gewesen, und sie hat dadurch mit zu den Erfolgen beigetragen, weil Sie sich besonders befähigte Mitarbeiter auswählen konnten.

Damit bin ich bei einem Punkt angekommen, den ich auf jeden Fall noch behandeln möchte.

Die Leistungen eines guten Kollektivs werden durch *alle* Mitarbeiter bestimmt. Sie, Herr Rieche, haben bei der Auswahl der Wissenschaftler für die von Ihnen gesehenen Aufgabenstellungen sehr gut gewählt und in erstaunlich kurzer Zeit, selbst für unsere schnellebige Zeit, vor allem in Berlin einen Stamm hervorragender Kader herangebildet. Ihr eigenes Vorbild auch in bezug auf z. B. Arbeitsintensität und Disziplin konnte Sie nicht nur das auch von Ihren Mitarbeitern fordern lassen, sondern viel wichtiger war, daß Sie durch Ihre Autorität eine intensive Arbeitsweise ohne viel Umstände und Weisungen durchsetzen konnten. Der Leistungswille eines Institutskollektivs ist für das Klima in einem Institut entscheidend. Ihre Aktivität, Ihre Zielstrebigkeit und sicher auch Hartnäckigkeit haben beispielgebend auf Ihre Mitarbeiter gewirkt, so daß Ihr Institut durch hohe Produktivität und Wirkung in unserer Republik und im Ausland immer gekennzeichnet war.

Aber ich sagte schon, die Leistungen eines Kollektivs werden durch *alle* Mitarbeiter bestimmt. Sie haben deshalb die Ausbildung von Laboranten und Chemotechnikern durchgeführt und damit Ihrem Institut, aber auch andern Instituten in Adlershof einen sogar für unsere heutigen Arbeiten unersetzbaren Mitarbeiterstamm geschaffen.

Die richtige Ausbildung und der richtige Einsatz der Kader, die Schaffung einer hohen Leistungsbereitschaft waren sicher mit eine Voraussetzung für Ihre erfolgreiche Tätigkeit.

Lieber Herr Rieche, Ihre langjährigen Mitarbeiter haben mir gesagt, daß Sie auch sonst durchaus von den Mitarbeitern das gleiche verlangten, was Sie selbst zu tun bereit waren: z. B. was das Erscheinen bei Institutsfeiern und -ausflügen betraf, was für Sie Selbstverständlichkeit war, und Sie sollen darauf geachtet haben, daß Ihrem Vorbild als fleißiger Tänzer nachgeeifert wurde. Für sehr wichtig und das Arbeitsklima mitbestimmend halte ich es, daß sich Ihre Mitarbeiter noch heute zumindest daran erinnern, daß Sie auf sparsamen Umgang mit Chemikalien, Geräten und Papier achteten.

Ihre Leistungen, Herr Rieche, wurden von Partei- und Staatsführung hoch gewürdigt. Ich möchte nur den Nationalpreis und den Vaterländischen Verdienstorden erwähnen. Ihre Fachkollegen ehrten Sie durch zahlreiche Mitgliedschaften und Ehrenmitgliedschaften in Akademien und Gesellschaften. Zwei Ehrendoktorwürden zeigen, wie groß Ihr Ruf als Chemiker ist.

Lieber Herr Rieche, ein entscheidendes Maß für den Erfolg eines Wissenschaftlers sind die Erfolge seiner Schüler. Dreimal erhielten Mitarbeiter Ihres ehemaligen Berliner Instituts den Friedrich-Wöhler-Preis, den Nationalpreis ebenfalls dreimal, und fünf Ihrer Schüler der Berliner Zeit sind heute Professoren. Man sieht, Ihre

Erfolge setzen sich fort, wenn die Schüler auch noch nicht das umfassende Format ihres Lehrers erreicht haben. Aber was nicht ist, kann ja noch werden.

Sehr geehrter Herr Rieche, ich möchte Ihnen bei dieser Gelegenheit danken für die Unterstützung, die Sie mir in den letzten sechs Jahren in meiner Arbeit gegeben haben. Ihre oft kritischen Hinweise zu manchen Problemen haben mir geholfen, die nicht einfachen Aufgaben zu lösen. Auch Ihre aktive Mitarbeit in der Klasse Chemie hat sicher nicht nur mir Anregung und Unterstützung gegeben, vor allem die Hinweise, die manches verkomplizierte Problem wieder in die notwendige einfache durchschaubare Form zurückgeführt haben.

Darf ich Ihnen und Ihrer Familie zum Abschluß weiterhin gute Gesundheit wünschen. Mögen Ihre Hobbys, vor allen Dingen Ihr Garten, Ihnen Ihre Spannkraft erhalten helfen, damit wir auch im Plenum und in der Klasse Chemie noch lange mit Ihrer aktiven Mitarbeit rechnen können.

H. Seeboth

Untersuchungen zur heterogen-katalytischen Gasphasenoxydation von C_4-Olefinen

C_4-Monoolefine fallen als Koppelprodukte der Benzinpyrolyse an, wobei das Verhältnis an erzeugtem Äthylen zu C_4-Kohlenwasserstoffen etwa 3 : 1 beträgt.

Die C_4-Rohfraktion enthält ca. 65—80% n-Olefine (davon 40—50% Butadien) und ca. 25% iso-Buten [1]. Durch Lösungsmittelextraktion läßt sich Butadien abtrennen.

Die verbleibende butadienfreie Pyrolyse-C_4-Fraktion besteht zu 40% aus n-Buten, zu 45% aus iso-Buten und zu 15% aus n- und iso-Butan. Ihre stoffwirtschaftliche Nutzung erfolgt bisher in einem völlig unbefriedigenden Ausmaß. Sie wird von der Ökonomie der Auftrennung der C_4-Olefine entscheidend beeinflußt. Dabei ist festzustellen, daß alle bekannten Trennverfahren kostspielig sind. Es ist daher von wissenschaftlich-technischem Interesse, Möglichkeiten zu suchen, n-/iso-Buten ohne vorherige Trennung stoffwirtschaftlich zu nutzen.

Nach vorwiegend japanischen Patentschriften [2] lassen sich n-/iso-Butengemische durch Oxydation bzw. Ammoxydation katalytisch zu Methacrolein (MA) bzw. Methacrylnitril (MACN) und Butadien umwandeln. Bezüglich der erzielten Ausbeuten stellten die japanischen Autoren einen synergetischen Effekt fest, wonach durch gegenseitige n-/iso-Butenbeeinflussung sowohl höhere Ausbeuten an Methacrylverbindung als auch an Butadien erzielt werden als bei Einsatz der reinen Olefine. Unsere experimentelle Überprüfung [3] der Versuchsergebnisse der Patentvorschriften zeigte jedoch, daß trotz des nachweisbaren synergistischen Effektes die angegebenen hohen Butadienausbeuten nicht zu realisieren sind. Das heißt, die Kombination der MA- bzw. MACN-Erzeugung mit der Butadiengewinnung nach dem vorgeschlagenen Verfahrensprinzip führt demzufolge zwar zu hohen Ausbeuten an Methacrylverbindung, aber zu keiner ausreichenden Dehydrierung von Buten zu Butadien. Diese Feststellung wurde kürzlich auch von Fell und Heilen [4] bestätigt.

Wir haben daher die Bildung von Methacrolein bzw. MACN mit einem n-olefinverbrauchenden Prozeß verknüpft, bei dem der Umwandlungsgrad des Butens zu Butadien belanglos ist.

Ein solcher Prozeß ist die Erzeugung von Maleinsäureanhydrid (MSA), die an V-Phosphat-Katalysatoren sowohl aus n-Buten als auch aus Butadien unter fast gleichen Bedingungen und in praktisch gleich guter Ausbeute erfolgt.

In Verfolgung dieser Kombination Methacrylverbindung und Maleinsäurean-

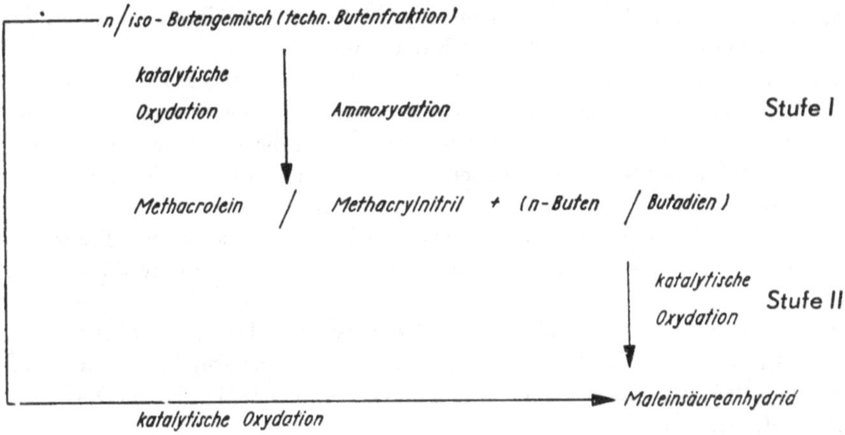

Abb. 1 Prinzip zur Kombination der Gewinnung von Methacrolein oder Methacrylnitril im gekoppelten Verfahren und Maleinsäureanhydrid

hydrid kamen wir zu dem gekoppelten Verfahren, dessen Prinzip in Abbildung 1 gezeigt wird. In diesem gekoppelten Verfahren wird der iso-Butenanteil einer butadienfreien Pyrolyse-C_4-Fraktion in Stufe I selektiv in Methacrolein bzw. in Methacrylnitril umgewandelt. Die erhaltene Methacrylverbindung wird abgetrennt, während die n-Olefine im Abgas der 1. Stufe nach erneuter Luftzumischung in einer 2. Stufe zu MSA oxydiert werden [5].

Die Erzeugung von MA bzw. MACN durch heterogen-katalytische Oxydation bzw. Ammoxydation von iso-Buten ist bereits mehrfach besonders in der Patentliteratur beschrieben [6; 7].

Auch in unserem Institut wurden Versuche zur Oxydation bzw. Ammoxydation von iso-Buten durchgeführt [8]; die hierbei gewonnenen Erfahrungen sind in die Konzeption des gekoppelten Verfahrens eingeflossen.

Die Untersuchungen zur Funktionalisierung von iso-Buten führten wir vor allem an im Kombinat Leuna entwickelten Multimetalloxid-Katalysatoren durch, die sich sowohl für die Oxydation als auch die Ammoxydation eignen. Tabelle 1

Tabelle 1
Oxydation und Ammoxydation von Isobuten an einem Bi-P-Mo-Oxydkontakt

	Methacrolein	Methacrylnitril
Katalysator	$Bi_9PMo_{12}O_{55}$	
Molverhältnis		
i-Bu : Luft : NH_3 : H_2O	1 : 10 : 0 : 0	1 : 10 : 1,5 : 5
Verweilzeit	0,7 s	4 s
T	530 °C	450 °C
Molausbeute	55%	50%
RZA	272 g/l.h	28,6 g/l.h

zeigt einen Vergleich der Methacrolein- bzw. Methacrylnitrilbildung an einem für die Propenammoxydation eingeführten Katalysator.

Es sind deutliche Unterschiede in den Reaktionsbedingungen bei der Bildung von Methacrolein bzw. Methacrylnitril zu erkennen. Da die Ammoxydation eine vergleichsweise hohe Verweilzeit erfordert, liegt die an diesem Katalysator erreichbare Raumzeitausbeute an Methacrolein zehnmal höher als diejenige des Methacrylnitrils.

Der Unterschied zwischen der Oxydation und Ammoxydation von Propen an Bi-Mo-Oxid-Katalysatoren [6, 7] wird also auch beim Einsatz von iso-Buten beobachtet.

Zur Klärung des Reaktionsablaufs der Ammoxydation konnten wir einen wertvollen Beitrag leisten [9]. Wir fanden, daß die Nitrilbildung grundsätzlich auf zwei Wegen möglich ist, wobei einmal O-haltige und ein andermal N-haltige Zwischenstufen auftreten (Abb. 2).

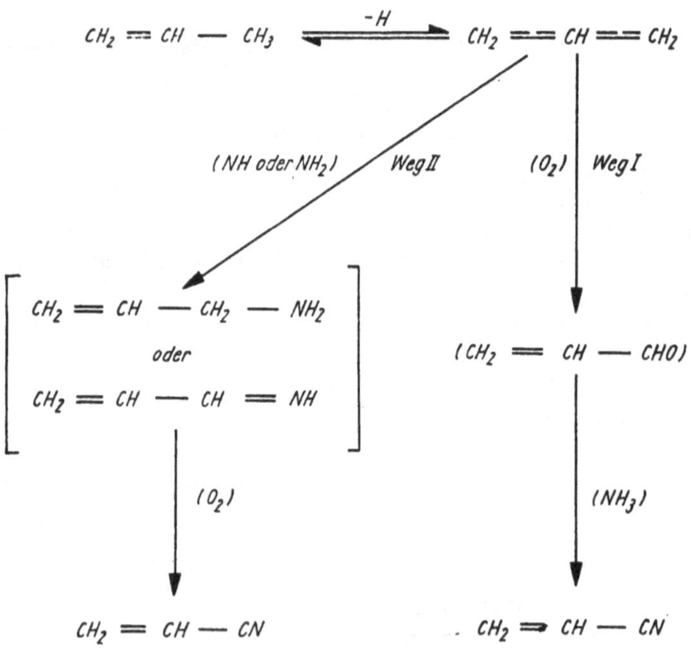

Abb. 2 Reaktionsablauf der Ammoxydation von Propylen [H. SEEBOTH u. E. HEYNER, Z. Chem. 9 (6), 214 (1969)]

Unter optimalen Reaktionsbedingungen reagiert das Olefin nach H-Abstraktion im Sinne des bekannten Allylmechanismus [10] 20 mal schneller mit dehydriertem NH_3 als mit Sauerstoff zu N-haltigen Nitrilvorstufen, die oxydativ in das Nitril umgewandelt werden. Die Reaktion verläuft dann optimal, wenn Kohlenwasserstoff und Ammoniak gleichzeitig und in genügendem Ausmaß dehydriert werden.

Bei der Ammoxydation von iso-Buten erhält man neben MACN eine Reihe von Nebenprodukten, darunter Methacrolein. Die Methacroleinbildung ist abhängig vom NH_3-Partialdruck. Sie erhöht sich mit der Verringerung der NH_3-Konzentration im Einsatzgas. Um hohe MACN-Ausbeuten zu erreichen, muß man daher mit einem NH_3-Überschuß arbeiten. Dies ist für eine technische Realisierung insofern ungünstig, weil NH_3 die teuerste Komponente darstellt und nicht umgesetztes NH_3 die Aufarbeitung der Reaktionsprodukte belastet.

Bei der Ammoxydation einer butadienfreien Pyrolyse-C_4-Fraktion kam es uns darauf an, den iso-Butenanteil mit einem Minimum an Ammoniak-Einsatz bei möglichst vollständigem Erhalt des n-Butenanteils in hohen Ausbeuten in Methacrylnitril zu überführen. Das erforderte die Entwicklung selektiv wirksamer Katalysatoren und die Auffindung entsprechender Reaktionsparameter. Hierzu wurden Untersuchungen im Laboratorium und im kleintechnischen Maßstab im Fest- und Wirbelbettreaktor an in Leuna entwickelten Katalysatoren durchgeführt.

In Abbildung 3 ist das Produktspektrum der Ammoxydation einer butadienfreien Pyrolyse-C_4-Fraktion in Abhängigkeit von der Temperatur dargestellt. Die durchgezogenen Kurven zeigen die Bildung von Methacrylnitril, CO_2, Acrylnitril, den Umsatz von iso-Buten und den Erhalt an den weiter zu Maleinsäureanhydrid oxydierbaren Olefinen (Summe von nicht umgesetztem Buten und von gebildetem Butadien) ohne Zusatz von Wasserdampf.

Der iso-Butenumsatz steigt zunächst stark an und erreicht ab 380 °C einen konstanten Wert von 100%. Weiterhin ist zu erkennen, daß

- die Methacrylnitrilausbeute mit ca. 70 Mol.% MACN ein Maximum durchläuft,
- der Anteil der zu MSA verwertbaren Olefine mit erhöhter Temperatur sinkt (bei maximaler MACN-Ausbeute 55%) und
- die Totaloxydation mit Temperaturzunahme ansteigt.

Ein Zusatz von Wasserdampf (durchbrochene Kurve) wirkt sich vor allem auf die MACN-Ausbeute und auf die verwertbaren n-Olefine aus:

- die MACN-Ausbeute durchläuft ein Maximum von 80%
- der Anteil der zu MSA verwertbaren n-Olefine steigt im Optimum der MACN-Bildung auf 80% an.

Anzumerken wäre noch die relativ hohe Verweilzeit von 4 s und daß im Hinblick eines echten Vergleichs der Reaktion bezüglich des Wasserdampfeinflusses das Einsatzgas einmal mit Stickstoff und einmal mit H_2O-Dampf verdünnt wurde. Das Molverhältnis von NH_3 : iso-Buten beträgt hier 1,7 : 1.

In Abbildung 4 ist der Einfluß des NH_3/iso-Butenverhältnisses auf den Reaktionsablauf dargestellt. Die Erhöhung des NH_3-Partialdruckes wirkt sich günstig auf den Reaktionsablauf aus. Dies zeigt sich in einer

- bis zu 100 proz. Ausnutzung der n-Olefine hinsichtlich der MSA-Gewinnung
- Erhöhung der MACN-Ausbeute

— Verringerung der Totaloxydation und der MA-Bildung sowie
— erhöhten Bildung der Nebenprodukte Acetonitril (AON) und Blausäure.

Den eingangs erwähnten synergistischen Effekt, der in den japanischen Patenten beschrieben ist, konnten wir bei einem Vergleich des Umsatzes von reinem n-Buten, reinem Isobuten und n-/iso-Buten-Gemischen zu MACN und Butadien unter

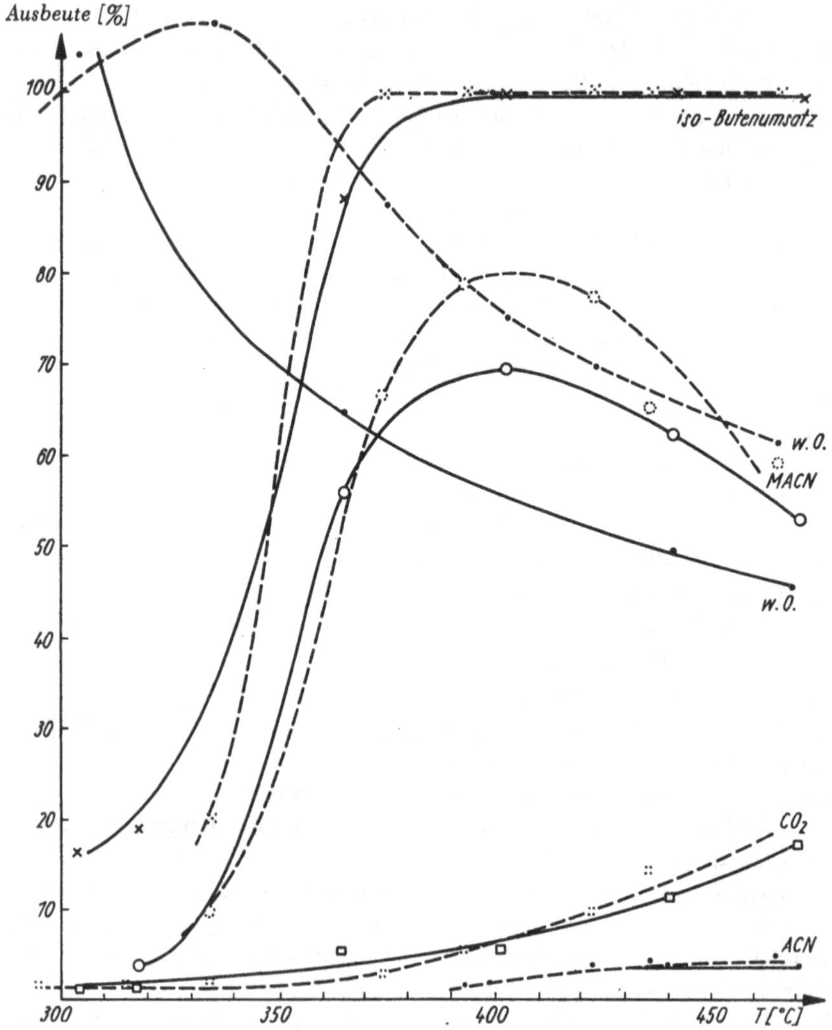

Abb. 3 Produktspektrum der Ammoxydation einer butadienfreien Pyrolyse-C_4-Fraktion in Abhängigkeit von der Temperatur VWZ: ca. 4 s; Reaktionsgas: a) $C_4 : O_2 : N_2 : NH_3 =$ I : 2,4 : 15,4 : 0,77; b) $C_4 : O_2 : N_2 : NH_3 : H_2O = 1 : 2,4 : 9,7 : 0,77 : 5,8$ w. O. = verwertb. Olefine

gleichen Reaktionsbedingungen — hier allerdings nicht unter optimalen — exakt bestätigen (Abb. 5). Mit diesem Phänomen, das bisher noch ungeklärt ist, wird das gekoppelte Verfahren im Vergleich zum Einsatz von reinem iso-Buten zur Gewinnung von Methacrylnitril besonders attraktiv. Wir mußten allerdings fest-

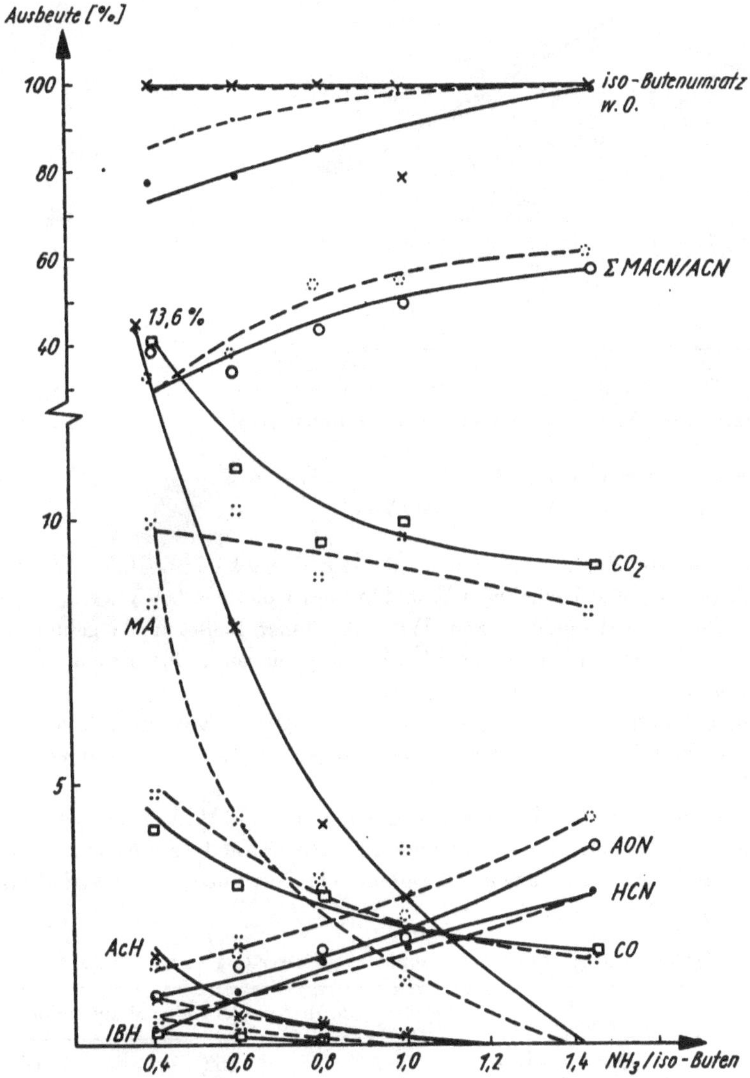

Abb. 4 Einfluß des NH_3/iso-Butenverhältnisses auf die Ammoxydation einer butadienfreien Pyrolyse-C_4-Fraktion
VWZ: 3,6 s; Reaktionsgas: a) $C_4 : O_2 : N_2 = 1 : 1{,}67 : 10{,}7$; b) $C_4 : O_2 : H_2O = 1 : 1{,}67 : 6{,}76 : 4$; Reaktionstemp.: 420 °C

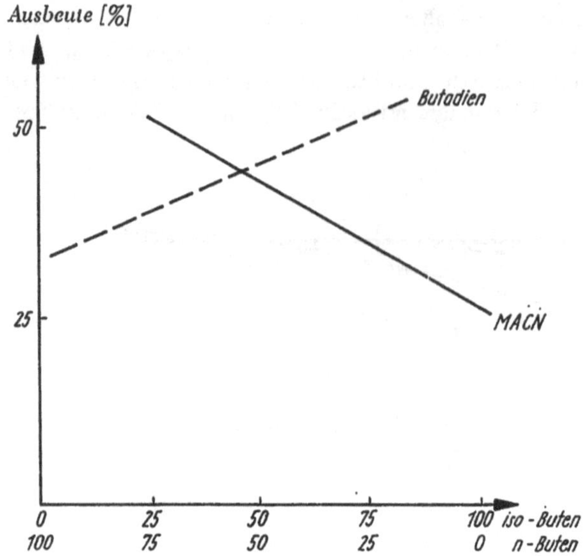

Abb. 5 Vergleich der Ammoxydation von reinem n-Buten, reinem iso-Buten und n-/iso-Buten-Gemischen
VWZ: ca. 4 s; Reaktionstemperatur: 425 °C;
Reaktionsgas: $C_4 : NH_3 : Luft : H_2O = 1 : 0{,}53 : 8{,}3 : 4$

stellen, daß nicht alle Reaktionsparameter, die den Verlauf der Reaktion bestimmen, bezüglich einer hohen selektiven Wandlung des Isobutens bei weitgehendem Erhalt an n-Olefin gleichsinnig wirken. Wir haben aber Bedingungen gefunden, die sowohl die Ausbeuten an Methacrylverbindung als auch den Erhalt an in MSA überführbaren n-Olefinen berücksichtigen.

Unsere im Laboratorium erzielten — nicht optimierten — Ergebnisse bezüglich der 1. Stufe in der MACN- und in der MA-Variante sind in Tabelle 2 zusammengestellt.

Das Restgas der 1. Stufe wird nun zur Gewinnung von MSA eingesetzt. Die Basiskomponenten für alle heute genutzten technischen Katalysatoren zur MSA-Gewinnung aus Buten sind Vanadin-Phosphoroxide, mit einem V : P-Verhältnis

Tabelle 2
Laboratoriumsergebnisse der 1. Stufe der gekoppelten Verwertung von C_4-Olefinen

	Methacrolein	Methacrylnitril
iso-Buten-Umsatz	85%	100%
Mol-Ausbeute	ca. 65%	ca. 80%
Erhalt an Restolefinen	ca. 80%	ca. 90%
Verhältnis — en/dien	3 : 1	1 : 2
RZA [g/l · h]	140	40

von 1 : 1 bis 1 : 2 auf oberflächenarme Träger wie Al_2O_3 oder TiO_2 aufgebracht [11].

Gemeinsam mit Ladwig (ZI für Anorganische Chemie der AdW der DDR) haben wir zahlreiche Katalysatormuster entwickelt und getestet. Eine Auswahl von 3 Kontakten ist in Tabelle 3 aufgeführt:

Tabelle 3
Katalysatoren zur Butenoxydation zu MSA

Bezeichnung	Zusammensetzung	Rk.-temp. (°C)	VWZ (sec)	MSA-Ausbeute (Mol. %)
K20T	V/P/W/Fe/ Ti-Oxid	480–510	0,5	50–55
K53-II	$(VO)_2P_2O_7$	400–450	0,5	45
K23	V/P/Mg-Oxid	420–450	0,5	50–55

In ihrer Wirkung sind die Katalysatoren durch spezielle Strukturmerkmale gekennzeichnet. Sie enthalten kondensierte Phosphate des vierwertigen Vanadiums, in denen Vanadium als VO^{2+}-Kation vorliegt. Die Anzahl der VO^{2+}-Kationen, bezogen auf die Anzahl der terminalen O-Atome der kondensierten Phosphatanionen, liegt zwischen 2,6 und 4 [5]. Eine wesentliche Rolle kommt dem Oxovanadindiphosphat $(V^{IV}O)_2P_2O_7$ zu, das selbst eine bemerkenswerte katalytische Wirkung bei der Butenoxydation besitzt (s. Tab. 3 und [12]).

Abbildung 6 zeigt die Produktverteilung der Oxydation eines Butenisomeren-Gemisches bzw. von Butadien bei einer Verweilzeit von 0,5 s und einem Olefingehalt in Luft von 1,5% (4facher O_2-Überschuß) an einem von uns entwickelten, komplex zusammengesetzten Katalysator K 20 T in einem Integralreaktor zwischen 450 und 550 °C. Die höchste MSA-Ausbeute aus Buten beträgt 54 Mol.% (= 95 Gewichtsprozent), aus Butadien 56 Mol.%.

Der Butadien- bzw. Butenumsatz liegt bei 95%. Außer MSA entstehen beträchtliche Mengen CO und CO_2. Dabei ist es für die von uns verwendeten Katalysatoren charakteristisch, daß aus Buten unter den Bedingungen der optimalen MSA-Ausbeute trotz des hohen O_2-Überschusses immer mehr CO als CO_2 gebildet wird. Daneben entstehen ca. 3% Monocarbonsäure, vor allem Essig- und Acrylsäure und ca. 3% Carbonylverbindungen, hauptsächlich Acrolein, Formaldehyd und Acetaldehyd.

Über den Mechanismus der MSA-Bildung ist in den letzten Jahren aus vielen Arbeitskreisen berichtet worden [13]. Es wurde erkannt, daß Butadien, Furan und Crotonaldehyd Zwischenstufen der Butenoxydation sein können.

Wir haben den Reaktionsablauf der MSA-Bildung an V-Phosphaten studiert und kamen zu dem Ergebnis, daß die Butenoxydation auf zwei Wegen möglich ist, nämlich über Butadien und Furan oder über die Reaktionsfolge Butadien, Crotonaldehyd und Furan (Abb. 7). Diese Schlußfolgerung ergibt sich aus qualitativen kinetischen Studien in Integral- und Differentialreaktoren unter besonderer Berücksichtigung der Anfangsbildungsselektivitäten beim Einsatz von Buten und den aufgefundenen Intermediären. Dabei messen wir dem Reaktionsverlauf über Crotonaldehyd mit folgenden Argumenten nur untergeordnete Bedeutung bei. Der

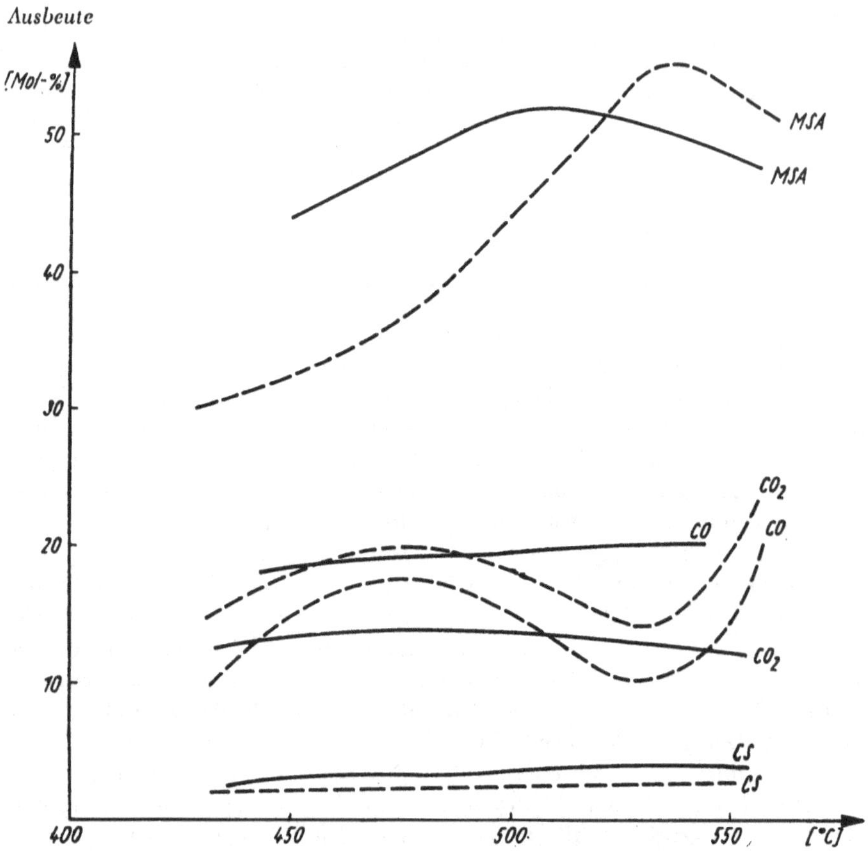

Abb. 6 Produktverteilung der Oxydation eines Butenisomerengemisches bzw. von Butadien in Abhängigkeit von der Temperatur am Katalysator K 20 T. Butenkonzentration: 1 Vol% in Luft [———], Butadienkonzentration: 1 Vol% in Luft [— — —], Verweilzeit: 0,5 s, CS = Carbonsäuren

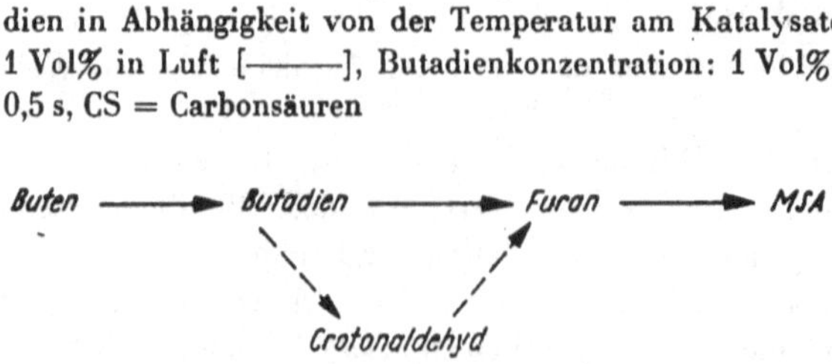

Abb. 7 Reaktionsverlauf der MSA-Bildung aus Buten

Vergleich der Anfangsbildungsselektivitäten des Crotonaldehyds beim Einsatz von Butadien weist gegenüber der Butenoxydation eine 5fach höhere Crotonaldehydselektivität zu Beginn der Butadienoxydation aus und spricht damit für die Bildung des Crotonaldehyds aus Butadien. Weiterhin sind die mit Crotonaldehyd vergleichbaren Carbonylverbindungen Acrolein und Methacrolein in bedeutend höheren Konzentrationen als Crotonaldehyd im Katalysat nachweisbar, und Untersuchungen zur Crotonaldehydoxydation zeigen, daß dessen Oxydation nur in etwa gleicher Geschwindigkeit wie die des Butadiens abläuft.

Darüber hinaus sprechen die stark unterschiedlichen Furanbildungsselektivitäten bei der Crotonaldehyd- und Butadienoxydation ebenfalls für eine vernachlässigbare Rolle des Crotonaldehyds im Mechanismus der MSA-Bildung aus Buten.

Abbildung 8 zeigt eine für einen Integralreaktor typische Belastungsisotherme für den Katalysator K 20 T bei der Oxydation von Buten-(1). Der Butenumsatz steigt zunächst rasch an, der vollständige Umsatz wird dann nur langsam erreicht.

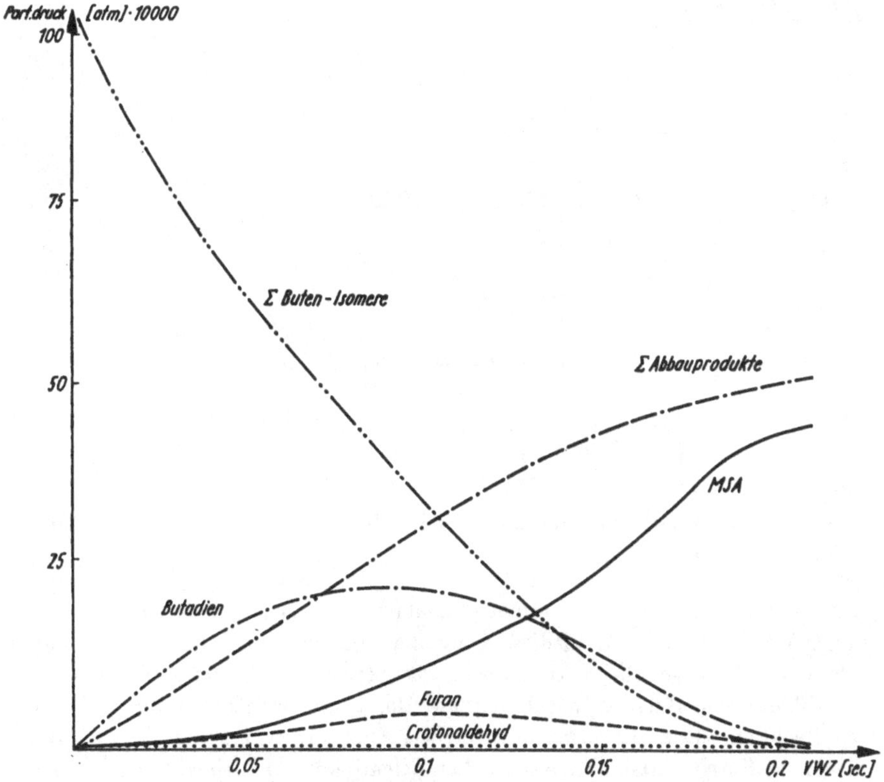

Abb. 8 Oxydation von Buten-(1) zu Maleinsäureanhydrid am Katalysator K 20 T. Partialdrücke als Funktion der Verweilzeit
Butenkonzentration: 1 Vol% in Luft, Temperatur: 441 °C

Die Partialdruck-Kurven für Butadien und Furan sind typisch für Zwischenprodukte. Crotonaldehyd ist nur in sehr geringen Konzentrationen in der Gasphase nachweisbar. Die MSA-Ausbeute-Kurve steigt bis zu einem Maximalwert und fällt mit zunehmender Verweilzeit nur sehr langsam wieder ab. Dies zeigt die große Stabilität von MSA gegenüber einer Weiteroxydation. Nicht umgesetztes Buten-(1) wird während der Reaktion teilweise zu cis- und trans-Buten-(1) isomerisiert.

Reaktionen:	Maximalausbeuten [Mol %] K 20 T	Maximalausbeuten [Mol %] K 53-II
Buten (Bu) → MSA	53	45
Butadien (B) → MSA	56	48
Furan (F) → MSA	62	65

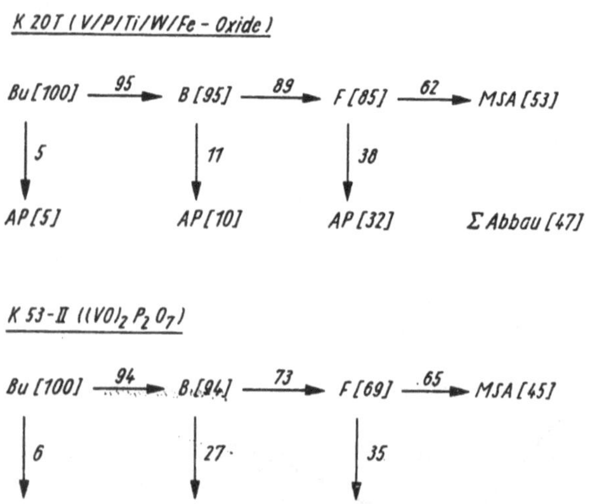

Abb. 9 Selektivitätsschemata für die Reaktion Buten → MSA an den Katalysatoren K 20 T und K 53-II

Abbildung 9 zeigt die Selektivitätschemata für die Butenoxydation am K 20 T und am K 53-II zu MSA. In diesem Schema sind die vom Butadien zum Furan führenden Reaktionsschritte zusammengefaßt. Zunächst fällt die hohe Selektivität der Bildung von Butadien aus Buten auf. Das heißt, der Katalysator ist für diesen Reaktionsschritt hervorragend geeignet. Auch die Reaktionsstufe vom Butadien zum Furan verläuft in recht hoher Selektivität. Am schlechtesten wird die Überführung des Furans in MSA katalysiert.

Zur 2. Stufe der gekoppelten C_4-Oxydation werden abschließend folgende Bemerkungen angefügt:

Entsprechend dem Verfahrensprinzip werden die Reaktionsprodukte der 1. Stufe, das sind in der MACN-Variante vor allem MACN und Nebenprodukte MA, Acetonitril und Blausäure, abgetrennt und aufgearbeitet. Das verbleibende Restgas wird für die Oxydation zu MSA eingesetzt.

Infolge der Ammoxydation in der 1. Stufe ist der Sauerstoffgehalt auf 1—5 Vol.% abgesunken. Es wird nun soviel Luft zugemischt, daß sich ein n-C_4-Olefingehalt von 1—1,5 Vol.% und ein Sauerstoffgehalt um 15 Vol.% einstellt.

Beim Einsatz dieses Gemisches für die MSA-Gewinnung am Katalysator K 20 T konnten wir keine negative Beeinflussung der Reaktion feststellen.

Im Vergleich zu den MSA-Ausbeuten, die aus sonst eingesetztem reinem Buten erhalten werden, liegt die MSA-Ausbeute sogar um 5—10% höher und beträgt 60—65 Mol.%. Damit ergeben sich im gekoppelten Verfahren bezüglich der Wandlung der C_4II-Fraktion-Olefine folgende Vorteile:

1. Eine n-/iso-Butentrennung ist nicht notwendig.
2. iso-Buten steht von vornherein ohne Verlusteinbuße durch Trennungsoperationen vollständig zur Verfügung.
3. Die Überführung von iso-Buten in eine Methacrylverbindung ist infolge der synergistischen n-/iso-Beeinflussung in höheren Ausbeuten als bei Einsatz von reinem iso-Buten möglich.
4. Die Überführung der Restgase der 1. Stufe in MSA erfolgt in höheren Ausbeuten als bei Einsatz von sonst zugänglichem reinem Buten.

Literatur

[1] B. Schleppinghoff, Brennstoff-Chemie **27**, 240 (1974).

[2] BRD-OS 2264528 (Prior. 2. 9. 71) Snam Progetti.
BRD-OS 2320231 (Prior. 22. 4. 72 u. 9. 6. 72) Ube Industries Ltd.
BRD-OS 2342328 (Prior. 25. 8. 72, 22. 9. 72, 2. 2. 73) Ube Industries Ltd.

[3] H. Seeboth und J. Herrmann, Dissertation J. Herrmann, Berlin 1976.

[4] B. Fell und G. Heilen, Chem. Ing. Techn. 48 (5), 485 (1976).

[5] DL-WP 113210 (Prior. 10. 12. 73) AdW Berlin, H. Seeboth u. a.
DL-WP 125676 (Prior. 5. 5. 76) AdW Berlin, H. Seeboth u. a.

[6] BRD-OS 2531513 (Prior. 22. 7. 74 u. 5. 8. 74), Standard Oil, Ohio.
USP 3939208 (Prior. 24. 7. 73), Montedison S. p. A., Milano.
USP 3799978 (Prior. 23. 12. 71), Nippon Shokubai K. K. Co. Ltd.

[7] Franz. P. 2273800 (Prior. 4. 6. 74), Ube Industries Ltd.
BRD-OS 2161450 (Prior 11. 12. 70 u. 16. 2. 71), Nitto Chemical Co. Ltd.
BRD-OS 2424934 (Prior. 4. 6. 73, 4. 1. 74 u. 19. 7. 73), Standard Oil Co., Ohio.

[8] H. Seeboth und S. Maneck, Dissertation S. Maneck, Berlin 1972. H. Seeboth und G. Müller Dissertation G. Müller, Berlin 1977. H. Seeboth und H. Wolf, Dissertation H. Wolf Berlin 1973.

[9] H. Seeboth und E. Heyner, Z. Chem. **9**, 214 (1969).
H. Seeboth und A. Rieche, Z. Chem. **9**, 501 (1969).

[10] W. M. H. SACHTLER, Catalysis Reviews 4, 27 (1970).
C. R. ADAMS, T. J. JENNINGS, J. Catalysis **2**, 63 (1963).
[11] US-Pat. 2719853 (1. 5. 1951), Atlantic Refining Co.
[12] H. SEEBOTH, B. KUBIAS, H. WOLF und B. LÜCKE, Chem. Techn. **28**, 730 (1976).
[13] V. I. OSTROUSHKO, J. D. KERNOSS, S. D. SARATOVA, B. L. MOLDAVSKI, Neftechimija **9**, 886 (1969).
M. AI, P. BOUTRY, R. MONTARNAL, Bull. Soc. chim. France **1970**, 2775.
M. AI, P. BOUTRY, R. MONTARNAL, G. THOMAS, Bull. Soc. chim. France **1970**, 2783.
M. AI, K. HARADA, S. SUZUKI, Kogyo Kagaku Zasshi **73**, 524 (1970).
J.-C. DELGRANGE, M. BLANCHARD, Bull. Soc. chim. France **1969**, 1328.

H. Groß

Synthese und Anwendung von Formylphosphonsäurederivaten

Die ersten Glieder homologer Reihen haben oft von der Norm deutlich abweichende Eigenschaften. Beispiele hierfür sind dem Organiker vielfach bekannt. So spaltet Ameisensäure im Gegensatz zu anderen Carbonsäuren leicht CO ab oder wirkt unter milden Bedingungen als Reduktionsmittel. Bei der homologen Reihe der Acylphosphonate ist diese Erscheinung noch deutlicher: Acylphosphonsäure-

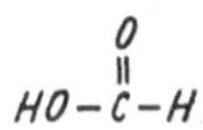

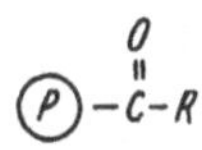

1

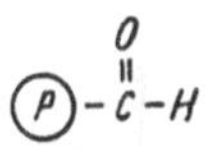

2

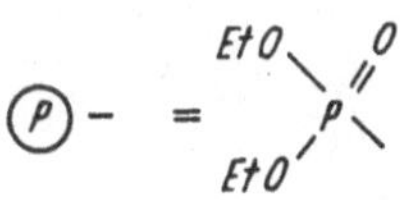

diester **1** sind stabile, destillierbare Verbindungen, die in verschiedener Weise synthetische Verwendung finden. Dagegen sind Versuche zur Synthese des Anfangsgliedes dieser Reihe, des Formylphosphonsäureesters **2**, offenbar stets fehlgeschlagen. Glaubwürdige Synthesevorschriften wurden bisher jedenfalls noch nicht referiert. So erwies sich z. B. ein Produkt, das aus Formamid durch Umsetzung mit Tris-ß-chloräthylphosphit entsteht und nach Angaben des Autors aus reinem Formylphosphonsäure-bis-ß-chloräthylester bestehen soll [1], als ein Gemisch der verschiedensten Verbindungen, in dem das Formylphosphonsäurederivat auch nicht in Spuren nachzuweisen war [2]. Wahrscheinlich würden Ester des Typs **2** beim Versuch der Isolierung sofort in CO und Dialkylphosphit zerfallen.

$$2 \rightarrow (P) - H + CO$$

Das Interesse an Estern der Formylphosphonsäure (**2**) ist naheliegend, da diese Verbindung ein ideales Schlüsselprodukt für viele Synthesen auf dem Gebiet der Organo-P-Chemie wäre. Ziel der hier referierten Untersuchungen war es nun, an Stelle von Formylphosphonsäureestern Carbonyl-funktionelle Derivate des allgemeinen Typs **3** darzustellen und diese Produkte dann für weitere Synthesen einzusetzen. Die einzige, bis zum Beginn unserer Untersuchungen bekannte Verbindung dieser Klasse war das Formylphosphonsäureesteracetal **4**, das von Razumow und Moskwa [3] aus Orthoameisensäureester und Diäthylphosphit in ca. 25 proz.

Ausbeute gewonnen wurde. Wir fanden, daß 4 einfach und in Ausbeuten bis 90% aus Orthoester und Diäthylchlorophosphit oder PCl_3 darstellbar ist [4, 5]. Als Intermediärprodukt tritt hier durch Alkoxylaustausch das extrem thermolabile

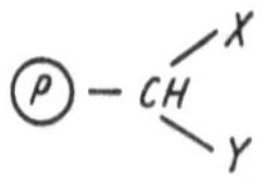

3

Diäthoxychlormethan auf. Auch H_3PO_3 läßt sich mit Orthoester in 4 überführen [6]; aus der Tatsache, daß hier die Ausbeute bei 70% liegt, kann gefolgert werden, daß bei dieser Reaktion primär der Dialkoxymethylrest auf den Phosphor über-

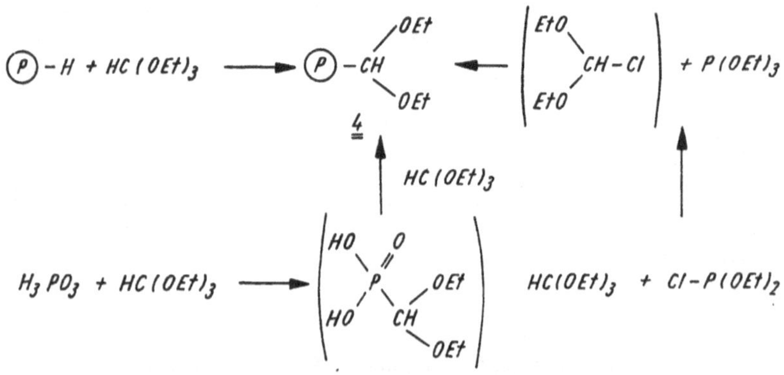

tragen wird und erst dann Veresterung zu 4 stattfindet; der Weg über das Dialkylphosphit ist auszuschließen. Schließlich konnte 4 auch aus dem Anhydrid der Phosphorigen Säure, P_4O_6, und Orthoester gewonnen werden [6]. Das Acetal 4 erwies sich als überraschend wenig reaktiv, Entacetalisierung oder selektiver Austausch der Alkoxygruppen gelang nicht bzw. führte zur Spaltung des Moleküls.

Wesentlich reaktiver als „0,0-Acetale“ sind bekanntlich α-Halogenäther, die auch als „O, Cl-Acetale“ aufgefaßt werden können. Ihre Synthese gelingt normalerweise glatt aus Acetalen und Chlorüberträgern [7]. Das Acetal 4 ließ sich jedoch nicht in 5 umwandeln. Dagegen konnte der α-Halogenäther 5 aus Dichlormethylmethyläther [8] und 1 Mol Triäthylphosphit oder durch Chlorieren von Methoxymethanphosphonsäureester dargestellt werden [9]. Mit Alkoholat war 5 nicht in Acetale vom Typ 4 überführbar. Grignard-Verbindungen reagierten mit 5 unter Austausch des Chlors gegen Alkyl- bzw. Arylgruppen unter Bildung von α-Alkoxyphospho-

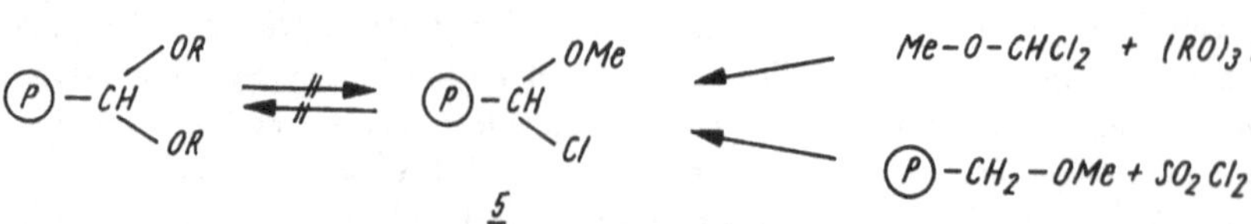

naten (6), phosphorylierte Cyclopropanderivate (7) ließen sich aus 5 durch α-Eliminierung von HCl und Addition des in situ gebildeten Phophono-alkoxy-carbens an ungesättigte Verbindungen gewinnen [10].

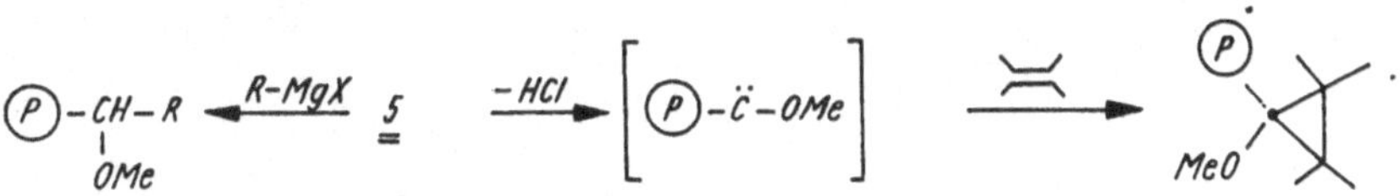

6 7

Auf analogem Wege wie der Chloräther 5 konnten auch Chlorthioäther vom Typ 8 dargestellt werden.

8 9

Besonders reaktiv und universell für organische Synthesen einsetzbar sind die u. a. von H. Böhme [11] eingehend untersuchten ON-Acetale 9. Phosphorylierte Verbindungen dieses Typs, 10, wiederum reaktive Derivate des Formylphosphonsäureesters, konnten wir durch einfachen Austausch einer Alkoxygruppe bei Amidacetalen — erwärmen mit 1 Mol Dialkylphosphit — synthetisieren [12]. Ein ande-

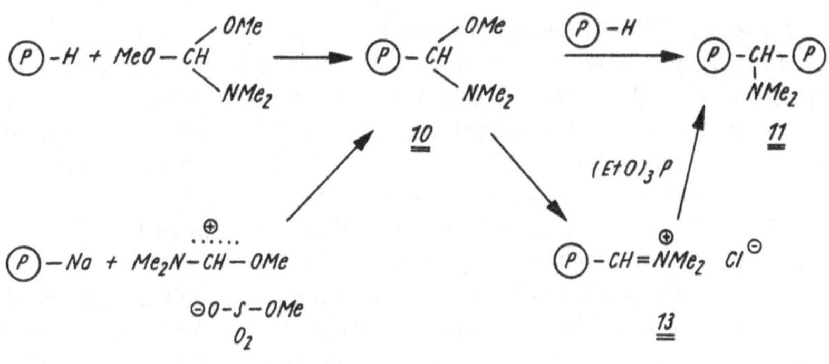

12

rer Syntheseweg für 10 besteht darin, daß man das Dimethylformimidsäuremethylester-methosulfat 12 mit Na-Dialkylphosphit umsetzt.

ON-Acetale 10 sind stabil, aber sehr reaktiv. Beim Erwärmen mit einem 2. Mol Dialkylphosphit entsteht glatt das Bisphosphonat 11 [12], und mit Chlorüberträgern wie Thionylchlorid erhält man das kristalline Diäthylphosphonomethylenimmoniumchlorid 13 in über 90proz. Ausbeute [13]. Das Immoniumchlorid 13 ist strukturell den bei der Mannich-Reaktion auftretenden Intermediärprodukten verwandt [14] und wie diese sehr reaktiv: mit O-, S- oder P-Nucleophilen entstehen die erwarteten O,N-Acetale (**14**), S,N-Acetale (**15**) oder N,N-Acetale **16** [12]. Die letztgenannten Produkte **15** bzw. **16** entstehen auch aus Dimethylformamid-S,S-acetalen mit Diäthylphosphit [15] bzw. aus Tetraalkylformamidiniumsalzen mit

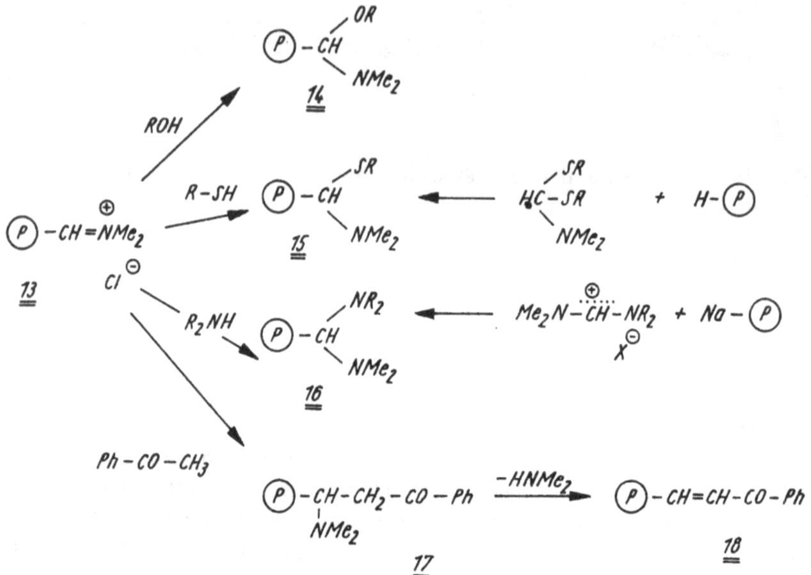

Na-Diäthylphosphit [12]. P-Nucleophile, wie Triäthylphosphit geben mit **13** das schon erwähnte Biphosphonat **11** [13]. Auch C-Nucleophile reagieren in erwarteter Weise. Als Primärprodukt entsteht z. B. bei der Umsetzung mit Acetophenon das stabile α-Dimethylamino-β-benzoyläthanphosphonat **17** [13]. Ganz analog reagierten eine Vielzahl anderer CH-acider Verbindungen. Beim Versuch der Destillation spaltet **17** Amin zum Phosphono-benzoyl-äthylen **18** [13] ab. In Analogie zur „Aminoalkylierung" nach Mannich tritt also bei all' den erwähnten Umsetzungen mit **13** eine „Phosphonoaminoalkylierung" ein.

Überraschenderweise verlief die Reaktion von **13** mit Säureamiden unterschiedlich: mit Benzamid entstand das Benzoylderivat **19a** in 95proz. Ausbeute, während mit Tosylamid das erwartete **19b** auch nicht spurenweise nachgewiesen werden konnte. Dagegen konnte das Tosylformamidin **20b** isoliert werden [13]. Hier ent-

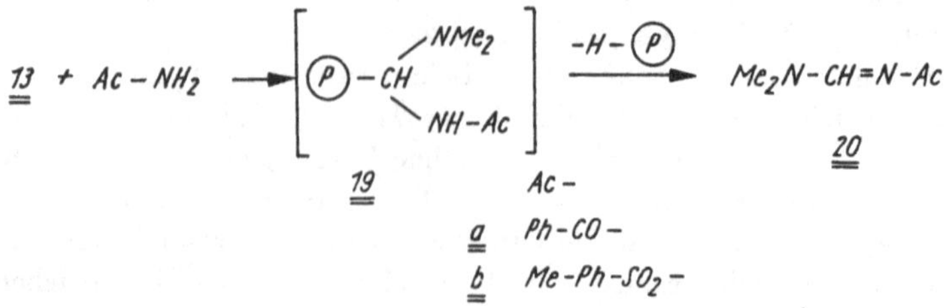

steht zweifellos primär das erwartete N,N-Acylal **19b**, das dann aber sofort unter Abspaltung von Diäthylphosphit in **20** zerfällt.

Die α-aminosubstituierte Bisphosphorylverbindung **11** („P,N-Acetal" der For-

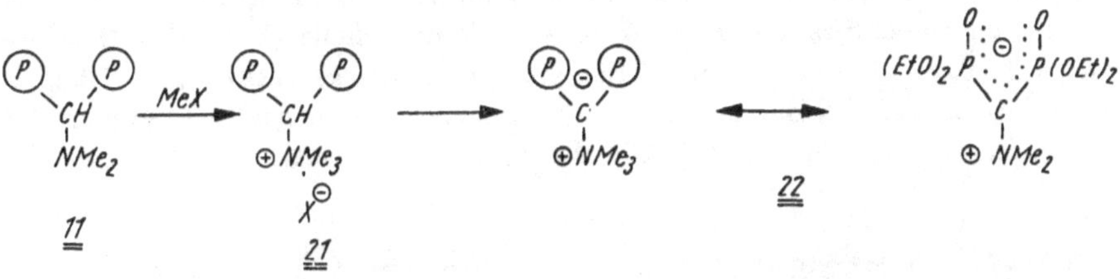

mylphosphonsäure) zeigt interessante und z. T. ungewöhnliche Reaktivität. Sie läßt sich z. B. leicht am Stickstoff zum Ammoniumsalz **21** quarternisieren; Deprotonierung führt zum N-Ylid **22**, einer auffallend stabilen und inerten Verbindung, die aus wäßrigem Medium isoliert werden kann und die nicht die bei dieser Substanzklasse charakteristischen Reaktionen zeigt [16]. Diese Indifferenz gegenüber eletrophilen Agentien ist zweifellos auf die starke Elektronendelokalisierung durch die beiden Phosphorylreste zurückzuführen.

Wie oben gezeigt, reagieren O,N-Acetale der Formylphosphonsäure **10** mit Dialkylphosphit beim Erwärmen unter Austausch der Alkoxygruppe zum „P,N-Acetal" **11**. Eine Substitution der Aminogruppe durch den Phosphorylrest zu **25** wurde nicht beobachtet und ist auch nicht zu erwarten, da die Reaktion unter primärer Alkoxyl-Abspaltung zum besser resonanzstabilisierten Ammoniumkation **24** führt. Dieser Weg ist gegenüber dem Aminaustausch — Oxoniumsalz **23** als Intermediärprodukt — eindeutig bevorzugt. Die Reaktionsrichtung läßt sich jedoch um-

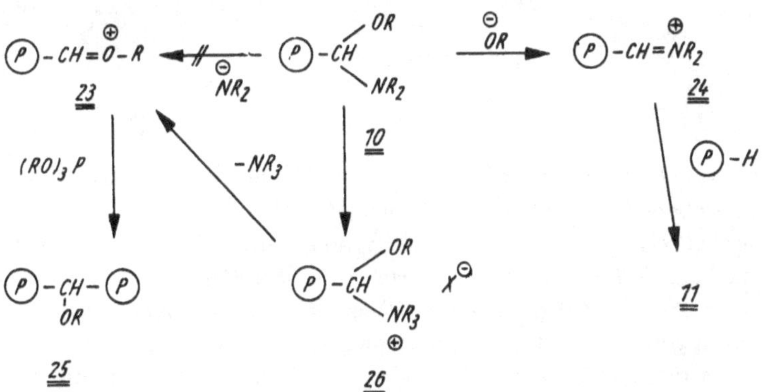

kehren, wenn man bei **10** den Stickstoff alkyliert: bei dem Quartärsalz **26** kann der Alkoxylrest nicht, wohl aber die Aminogruppe abgespalten werden. Bei Umsetzung von **26** mit Trialkylphosphit entsteht dann — über das Oxoniumsalz **23** — die Bisphophorylverbindung **25**, wenn auch in mäßigen Ausbeuten und bisher nicht in analysenreiner Form [17].

Eine analoge Umkehr der Reaktionsrichtung konnten wir auch bei Amidacetalen bzw. Amidmercaptalen erreichen: wie oben gezeigt, reagieren diese Derivate der Orthoameisensäure mit Dialkylphosphit unter O-Alkyl- bzw. S-Alkylaustausch und Bildung der betr. O,N-Acetale **10** bzw. S,N-Acetale **15**. Alkyliert man nun Amidacetale best. Struktur, z. B. **27** oder Amid-mercaptale **30** zu den Quartärsalzen **28** bzw. **31** und setzt mit Triäthylphosphit um, so entstehen — letztlich unter Lösung der C-N-Bindung und nicht wie sonst üblich der C-O-Bindung die erwarteten O,O-Acetale vom Typ **29** [18, 19] bzw. S,S-Acetale vom Typ **32** [20].

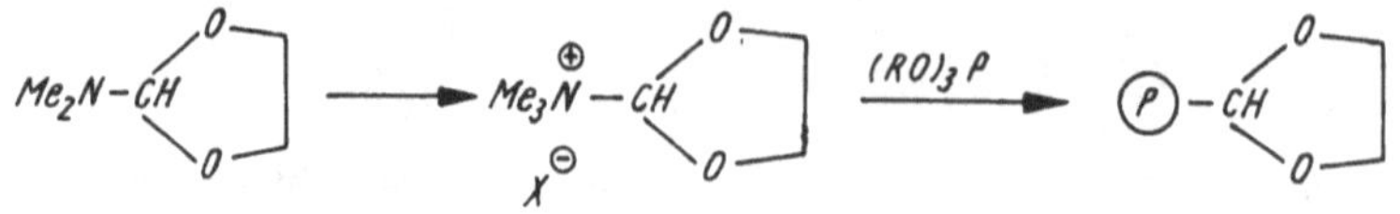

27 28 29

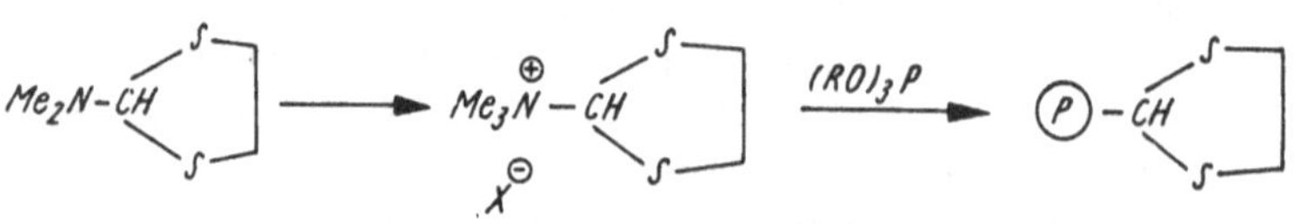

30 31 32

Für die Synthese der S,S-Acetale war noch ein anderer Weg gangbar: im Gegensatz zu den O-analogen Verbindungen sind Bis-alkylmerkaptochlormethane **33** zwar sehr reaktive, aber noch stabile, isolierbare Verbindungen, die mit Trialkylphosphit in glatter Reaktion zu **34** reagieren [20]. Beim Einsatz von 7,8-Dimethyl-

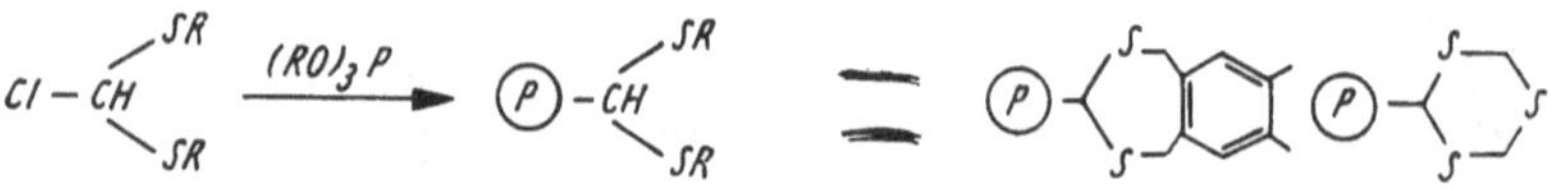

33 34 35 36

3-chlor-2,4-benzodithiepin wurde das 7-Ringmercaptal **35**, aus 2-Chlor-1,3,5-trithian das 2-Dialkylphosphono-1,3,5-trithian **36** erhalten [20, 21].

Analog dem oben erwähnten Verfahren zur Synthese des O,O-Acetals **4** gelang auch die Darstellung 2-phosphorylierter Benzdioxole **38a**, Benzdithiole **38b** und und Benzoxthiole **38c**: die entsprechenden Orthoameisensäurederivate **36a-c** tauschen offensichtlich glatt mit Diäthylchlorophosphit den OR-Rest gegen Chlor aus, Arbusow-Reaktion führt, ohne daß Zwischenprodukte isolierbar sind, unmittelbar zu **38**. Schließlich waren O,S-Acetale des Formylphosphonsäureesters durch eine Variante der Pummerer-Reaktion zugänglich: Das Dialkylphosphono-dimethylsulfoxid **39** z. B. reagierte mit Methanol in Gegenwart von Jod zum O,S-Acetal **40** [23].

Für eine Reihe der hier aufgeführten Derivate der Formylphosphonsäure bieten sich bereits interessante Applikationsmöglichkeiten. So reagiert z. B. das „P,N-Acetal“ **11** mit NaH und aromatischen Aldehyden in einer Variante der Horner'schen P,O-aktivierten Olefinierung [24] zu phosphorylierten Enaminen **41**, die entweder

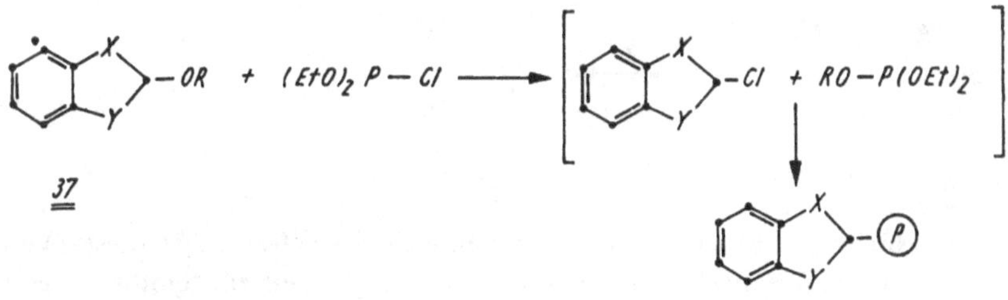

37

38

	X	Y
a	O	S
b	S	S
c	O	S

isoliert oder mit verdünnter Säure zu Acylphosphonaten **42** hydrolysiert werden können. Erwärmt man die Reaktionsmischung mit conc. HCl, so tritt P-C-Spaltung zur betr. Carbonsäure ein [25]. Man hat somit eine Methode in der Hand, in einem

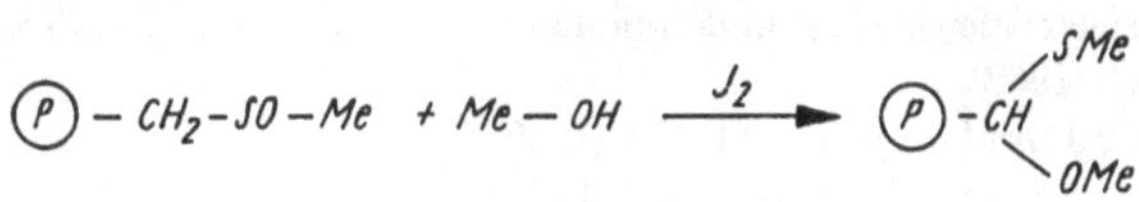

39 40

Reaktionsschritt einen ar. Aldehyd in die nächsthöhere Carbonsäure umzuwandeln. Mit wechselndem Erfolg ließ sich diese Methode zur Synthese der Keten-O,O- (**44**), -O,S- und -S,S-Acetale **45** anwenden: die oben erwähnten O,O- (**43**) [26],

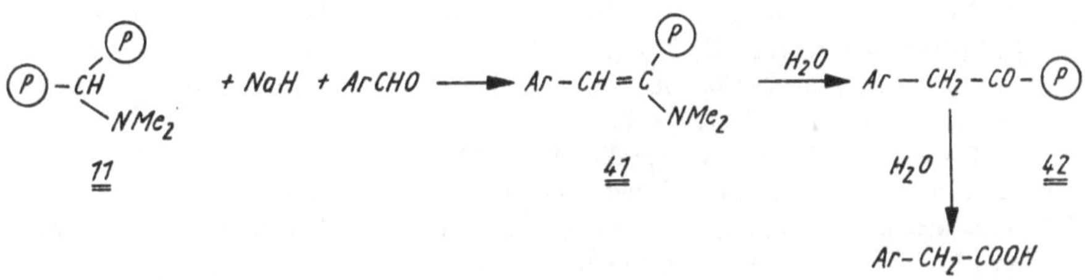

11 41 42

O,S-bzw. S,S-Acetale (**34**) des Formylphosphonsäureesters gaben mit Carbonylverbindungen und einer Base die erwarteten O- bzw. S-funktionalisierten Olefine. Dabei waren O,O-Acetale des Typs **44** in mäßigen Ausbeuten nur aus Ketonen

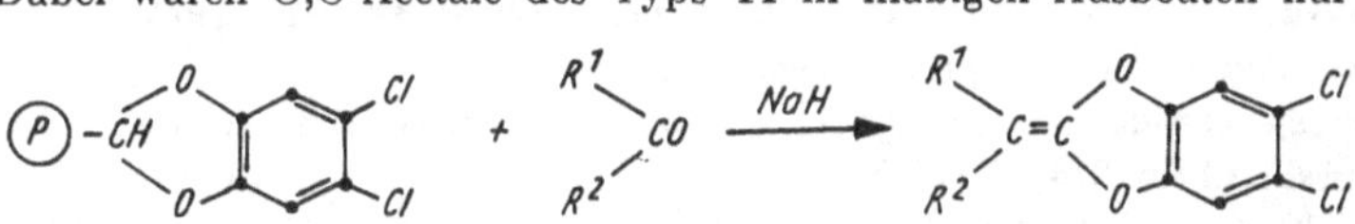

43 44

zugänglich, während Formylphosphonsäureester-S,S-acetale **34** sowohl mit Aldehyden als auch mit Ketonen in z. T. ausgezeichneten Ausbeuten die auf anderem

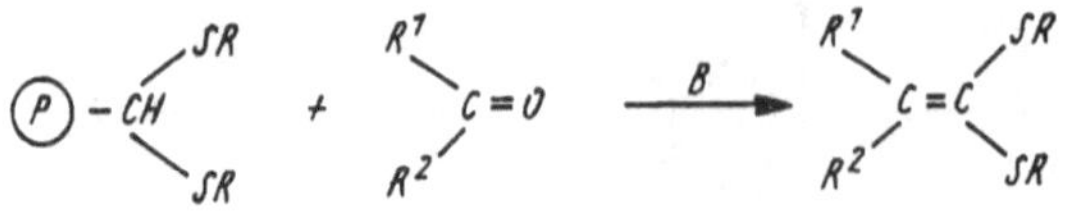

34 45

Wege nur schwierig zugänglichen Ketendithioacetale **45** liefern [27]. Dieses Verfahren dürfte die z. Z. einfachste und leistungsfähigste Methode zur Synthese dieser neuerdings als Synthesehilfsmittel sehr begehrten Substanzklasse [27, 28] sein.

Literatur

[1] I. Morita, Jap. Pat. 6819292, C. A. **70**, 57183 m (1969).
[2] H. Gross, Z. Chem. **17**, 131 (1977).
[3] A. J. Razumow und V. V. Moskwa, J. allg. Chem. **34** (96) 3124 (1964).
[4] H. Gross, J. Freiberg und B. Costisella, Chem. Ber. **101**, 1250 (1968). Über die gleiche Beobachtung referierte gleichzeitig und unabhängig von uns W. Dietsche, Liebigs Ann. Chem. **712**, 21 (1968).
[5] H. Gross und B. Costisella, J. prakt. Chem. **311**, 571 (1969).
[6] H. Gross und B. Costisella, J. prakt. Chem. **316**, 550 (1974).
[7] H. Gross und E. Höft, Zeitschr. f. Chemie **4**, 401 (1969).
[8] A. Rieche, H. Gross und E. Höft, Chem. Ber. **93**, 88 (1960), H. Gross, A. Rieche und E. Höft, Chem. Ber. **94**, 544 (1961).
[9] H. Gross und H. Seibt, J. prakt. Chem. **312**, 475 (1970).
[10] H. Gross, H. Seibt und P. Held, DWP 80027.
[11] H. Böhme und Mitarb., Liebigs Ann. Chem. **664**, 130 (1963); Angew. Chem. **72**, 523 (1962); Chem. Ber. **91**, 340 (1958); **92**, 2976 (1959); **93**, 1305 (1960); **96**, 604 (1963); Arch. Pharm. **300**, 148 (1967); A. T. Steward und Ch. R. Hauser, J. Amer. chem. Soc. **77**, 1098 (1955); s. a. Lit. 14, S. 133f und 162f.
[12] H. Gross und B. Costisella, J. prakt. Chem. **311**, 925 (1969).
[13] H. Gross und B. Costisella, Liebigs Ann. Chem. **750**, 44 (1971).
[14] H. Böhme und M. Haake, in: „Iminium Salts in Organic Chemistry", Ed. H. Böhme und H. G. Viehe, Wiley u. Sons, 1976.
[15] H. Gross, B. Costisella und L. Haase, J. prakt. Chem. **311**, 577 (1969).
[16] H. Gross und B. Costisella, Ang. Chem. **80**, 445 (1968).
[17] H. Gross und Ch. Böck, unveröffentl. Versuche.
[18] B. Młotkowska, B. Costisella und H. Gross, J. prakt. Chem. **316**, 913 (1974).
[19] B. Costisella und H. Gross, J. prakt. Chem. **319**, 8(1977).
[20] B. Młotkowska, H. Gross, B. Costisella, M. Mikołajczyk, S. Grzejszczak und A. Zatorski, J. prakt. Chem. **319**, 17 (1977).
[21] H. Gross, I. Keitel und B. Costisella, J. prakt. Chem. im Druck.
[22] H. Gross und B. Costisella, Synthesis **1977**, 622.

[23] M. Mikołajczyk, B. Costisella, S. Grzejszcak und A. Zatorski, Tetrahedron Letters **1976**, 477.

[24] L. Horner, H. Hoffmann und H. G. Wippel, Chem. Ber. **91**, 61 (1958); L. Horner, W. Klink, H. Ertel und V. Toscano, Chem. Ber. **95**, 581 (1962).

[25] H. Gross und B. Costisella, Ang. Chemie **80**, 364 (1968).

[26] H. Gross, G. Engelhardt, J. Freiberg, W. Bürger und B. Costisella, Liebigs Ann. Chem. **707**, 35 (1967).

[27] M. Mikołajczyk, S. Grzejszcak, A. Zatorski und B. Młotkowska, Tetrahedron Letters **1976**, 2731. M. Mikołajezyk, S. Grzejszcak, A. Zatorski, B. Młotowska, H. Gross und B. Costisella, Tetrahedron **34**, 3081 (1978).

[28] P. A. Konen, P. E. Pfeffer und L. S. Silbert, Tetrahedron **32**, 2507 (1976); D. Seebach, M. Kolb u. B. T. Gröbel, Chem. Ber. **106**, 2277 (1973); R. K. Olsen und J. O. Currie, jr. in „The Chemistry of the Thiol Groups", Part. 2, ed. by S. Patai, J. Wiley-Verlag 1974; M. S. Chauhan und H. Junjappa, Synthesis **1974**, 880; E. J. Corey und A. P. Kozikowski, Tetrahedron Letters **1975**, 925.

A. Rieche

Dankesworte

Liebe Freunde und Kollegen!

Ich bin tief gerührt darüber, daß man meine schon solange zurückliegende Tätigkeit heute so gewürdigt hat. Dem Vorsitzenden der Klasse Chemie, Herrn KEIL, danke ich für diese Veranstaltung, seine guten Wünsche und die so anerkennenden Worte.

Rektor und Senat der Friedrich-Schiller-Universität Jena und ihrem Vertreter Herrn PAETZOLD danke ich für die hohe Ehrung, die mir durch die Verleihung der Friedrich-Schiller-Medaille der Universität Jena zuteil wurde. Hierbei haben mich die meine Tätigkeit in Jena so anerkennenden Worte des Herrn PAETZOLD besonders berührt.

Zu danken habe ich auch den drei Vortragenden für ihre ausgezeichneten Vorträge. Es macht mich stolz und erfüllt mich mit Freude, daß sie sich „meine Schüler" nennen!

Schließlich danke ich Ihnen allen, daß Sie hierher gekommen sind und auch weite Reisen nicht scheuten, um mir Ihre freundschaftliche und kollegiale Verbundenheit zu zeigen.

Der Erfolg einer Tätigkeit setzt sich aus vielen Komponenten zusammen, und so bin ich dem Schicksal dankbar, daß es meist „glückliche" waren.

Es bedarf keines großen Fleißes und ist keine sehr große Leistung, wenn Beruf gleich „Hobby" ist. So war es bei mir glücklicherweise. Es war einfach Freude am Schaffen, am Erfolgserlebnis und an der Zusammenarbeit mit ähnlich empfindenden Menschen, von denen heute viele hier sind.

Ein bekannter, recht betagter Wissenschaftler schrieb einmal einen sehr tiefgründigen Aufsatz mit dem Titel: „Keine Altersplauderei". Ich möchte dagegen einige Worte sagen, die Sie als „Kleine Altersplauderei" auffassen mögen.

Herr KEIL lobte meine Fähigkeit bei der Forschungsarbeit „zum Blick auf die Praxis". Das ist richtig, doch versuchte ich da nur, den bekannten Chemiker-Vorbildern zu folgen und hatte auch das Glück, stets persönlich in diesem Sinne beeinflußt zu werden. Die enge Verknüpfung von Forschung, Lehre und Technik wurde seit weit über 100 Jahren in Deutschland verwirklicht, und darauf gründete sich bekanntlich der große Erfolg der chemischen Industrie. Die konsequente Erfüllung JUSTUS v. LIEBIGS Grundsätzen, Forschung und Lehre gemeinsam zu betreiben und Ergebnisse so zu bearbeiten, daß sie praktisch genutzt werden können — eine These, die ja für alle Wissenschaftler gilt, brachte diesen Erfolg. Das kleine Institut in Giessen und seine Arbeitsweise wurde für viele Jahrzehnte Vorbild in Deutschland — in anderen Ländern übrigens erst später. Von Liebig leitete viele solche Zentren wie in Giessen, in denen chemische Grundlagen für technische Entwicklungen geschaffen wurden.

An den meisten Universitäten wurde nicht nur chemisches Wissen vermittelt, sondern es wurden geistig und wissenschaftlich gut geschulte Chemiker erzogen, die vor allem gelernt hatten, *wie man forscht.*

Das ist wohl immer noch die wichtigste Aufgabe des Hochschullehrers, die Fähigkeit zum Forschen können zu übermitteln.

Ich habe es auch als Leiter eines Akademie-Institutes immer als eine der wichtigsten Aufgaben der sogenannten „Leitung" betrachtet, solche Anregungen zu geben. Dabei war mein Grundprinzip die Wahl des kürzesten Weges zwischen Mitarbeitern und mir und aller untereinander. Es gab keinen „Dienstweg" mit verschlungenen Pfaden, der bekanntlich allzuoft in einem Thrombus endet. Jeder, aber auch wirklich jeder, konnte direkt zu mir kommen. Allerdings hat man mich öfter wegen meines „Uhrenfimmels" gehänselt. Ich finde aber, Uhren und Pünktlichkeit sparen Zeit. Zeitdiebe — übrigens die schlimmsten Diebe — werden schnell entdeckt.

Es *mußte* aber jeder *sofort* zu mir kommen,
wenn er etwas Neues, Interessantes gefunden hatte,
wenn er Schwierigkeiten nicht selbst beheben konnte,
wenn er einen guten Witz wußte.

Gemeinsame Freude wirkt ungemein belebend, erhebend und das weitere Schaffen fördernd! Viel wichtiger als Kritisieren und Mahnen ist, sich gemeinsam freuen! —

Ich hatte das Glück, schon als Junge von meinem Vater, der auch Chemiker war, beeinflußt zu werden, praxisnah zu denken. Dabei erinnere ich mich an einen Spaziergang — vor nunmehr über 60 Jahren — über einen Weg mit Vogelbeerbäumen (Sorbus). „Hausfrauen benutzen unreife Vogelbeeren als Konservierungsmittel, wenn sie Einmachen", sagte mein Vater. „Darin ist ein Stoff, den man extrahieren oder synthetisieren und als natürliches Konservierungsmittel verkaufen sollte." Es handelte sich um Sorbinsäure.

Mein Lehrer R. Pummerer, Schüler von R. Willstätter — er starb vor etwa 2 Jahren im Alter von 90 Jahren — hatte großes Interesse an theoretischen Problemen. So hat er — was nie gebührend gewürdigt worden ist — als erster den Mesomeriebegriff geprägt und experimentell bewiesen. Er sah aber immer sehr darauf, ob etwas praktisch anwendbar war, und wir kritisierten humorvoll seine „Patentjägerei", welcher Leidenschaft ich mich übrigens auch sehr bald, nicht ohne Erfolg, hingab. —

Wie kam ich eigentlich zu meinem Hauptarbeitsgebiet, den Peroxiden, den Vorgängen der Oxydation mit Luftsauerstoff, dem Ozon? Vor etwa 50 Jahren besuchte ich einmal Richard Willenstätter (Schüler Adolph v. Baeyers) in München und ich erinnere mich noch gut an das Gespräch in seiner schmalen, langen Privatbibliothek, in der die Bücher und Zeitschriften in Regalen bis zur Decke standen. Es ist übrigens wohltuend, daran zu denken, daß in diesen Bänden fast das gesamte Wissen der Chemie vor ca 50 Jahren gespeichert war. Daß ich eine seiner berühmten großen Zigarren, die er Besuchern stets anbot, rauchte, brachte mir sicher Sympathie ein.

Auf meine Frage, wie man zu einem selbständigen Arbeitsgebiet komme, sagte er, daß es da zwei Wege gäbe:

Man gehe in die Natur und überlege, was da noch nicht erforscht ist. Oder man wälze die Bände alter chemischer Zeitschriften und sehe, wie weit die alten Forscher mit ihren damaligen Mitteln gekommen sind.

Ich beherzigte das Letztere und fand die Arbeiten von Adolph v. Baeyer und Villiger in den „Berichten" um 1900 über organische Peroxide. Ich hatte auch das sichere Gefühl, daß über die Einwirkung von Luftsauerstoff auf organische Stoffe noch unendlich viel zu erforschen sei. Und schließlich glaubte ich, eine Brücke zwischen Peroxiden und Ozoniden schlagen zu können, was dann u. a. durch die „Synthese eines Ozonides ohne Ozon" gelang.

Ein Nachteil war für mich, daß ich — außer bei Wirtschaftlichkeitsberechnungen — nie in Zahlen denken konnte und darum sind meine Arbeiten nicht von Mathematik durchsetzt. Umsomehr bewunderte ich immer die, welche mit Zahlen und Formeln so richtig jonglieren konnten. Ich ging immer von der Beobachtung, vom Experiment aus und kam meist rein intuitiv zur Wahl der richtigen Versuchsbedingungen und zum positiven Ergebnis.

Auch apparatetechnische Probleme löste ich intuitiv. Wenn man Phantasie hat, kommt man oft zu neuen, einfachen Lösungen, allerdings nicht zur Optimierung von Verfahren. So kritisierte man an meinem Lehrbuch „Grundriß der technischen organischen Chemie", wohl mit Recht, daß es vom „Stofflichen" ausgehe und nicht vom „Verfahrenstechnischen". Dabei fällt mir aber ein, wie wir einmal ein schwieriges Problem apparatetechnisch lösten: Geschmolzener Harnstoff hocherhitzt, gibt Ammoniak ab und geht dabei in Cyanursäure, eine steinharte Masse über. Das Problem wurde mittels eines endlosen muldenförmigen Stahlbandes gelöst, das durch einen Ofen lief, aus welchem dann eine Stange Cyanursäure ausgeschleust wurde, die gleich in einen Brecher gelangte.

Ähnlich lagen die Probleme und ihre Lösung bei der Konstruktion der sogenannten „Hefebütte" mit Umwälzrohren, die nach dem Mammutpumpenprinzip arbeiten. Diese Bütte ist heute noch die meist verwendete Belüftungsapparatur für die Erzeugung von Futterhefe aus den verschiedensten Subtraten in vielen Anlagen des In- und Auslandes, obwohl es jetzt vielleicht schon wirtschaftlichere Lösungen dieses Belüftungsproblems gibt.

Dank meiner geringen mathematischen Tendenzen wäre ich vor einigen Jahren von der riesigen Computer-Chemie-Modewelle überrollt worden, wenn ich noch im Amt gewesen wäre. Inzwischen ist diese verebbt.

Eines tröstet mich: Ich erhielt gerade jetzt viele Briefe von sehr erfolgreichen

Kollegen, die Ihrer Liebe zum Experimentieren und Beobachten von allen Möglichkeiten den Vorrang gaben.

Natürlich steckt die Mathematik in allem darin, aber für den Intuitiven vielleicht unbewußt. Man fütterte einen Computer mit den Gesetzen der Kompositionskunst von BACH. Es wurde ihm ein Thema gestellt. Ich hatte Gelegenheit, solche Computer-Kompositionen zu hören. Es klang wie BACH, aber man blieb völlig kalt.

Und doch sind Mathematik und Kunst untrennbar verbunden: Der berühmte französische Mathematiker D'ALEMBERT war ein Musikkenner und Enthusiast. Um ihn bemühte sich König FRIEDRICH II. als Präsident für die damalige preußische Akademie der Wissenschaften. D'ALEMBERT lehnte aber unter anderen, sicher gewichtigeren Gründen, diesen ehrenvollen Antrag ab, nachdem er — wie der Chronist erzählt — ein Hofkonzert gehört hatte. D'ALEMBERT bearbeitete die Harmonielehre des Komponisten RAMEAU und — wie es heißt — „machte sie erst verständlich". Der Chronist sagt, daß RAMEAU dadurch selbst erst erfahren habe, was er eigentlich sagen wollte.

Das ist ein echter Mathematikerausspruch vor etwa 250 Jahren, der heute einem braven Experimentalchemiker auch gegolten haben könnte.

Für die rein intuitiv auffassenden, sogenannten „naiven" Maler gilt vielleicht dasselbe. Jedenfalls möchte ich mich in Anlehnung hieran, ganz bescheiden zu den „naiven organischen Chemikern" rechnen.

Aber trotz dieser Mängel ging alles ziemlich gut in meinem Berufsleben. Ich hatte immer viele prächtige Mitarbeiter, die auf ihrem Gebiet alles viel besser verstehen und können müssen als der sogenannte „Chef". Man soll sie vor allem nicht gängeln, sie müssen das Gefühl haben, weitgehend selbständig an einer großen, gemeinschaftlichen Aufgabe zu wirken. Ein Institutsleiter sollte zugeben, daß er nicht in allem „In" ist, wie man das heute nennt.

Ich möchte es noch einmal betonen: Das Wichtigste ist, jedem die Freude an der Arbeit zu erhalten und ohne Neid sich auch an den Erfolgen der anderen erfreuen zu können. Sagte ich schon: die schlimmsten Diebe sind die Zeitdiebe, so möchte ich noch hinzufügen, schlimme Mörder sind die Stimmungsmörder und solche, die eine gute Atmosphäre zerstören. Man spricht soviel von Umweltschutz. Die nächste „Umwelt" ist aber unsere Arbeitsstelle und auf den Schutz ihres Klimas und ihrer Reinheit sollte man besonders bedacht sein!

Ich hätte noch sehr viel über Menschenführung und Institutsleitung zu sagen, aber das tat ich schon in einem Vortrag, der im „Spektrum" 1965 veröffentlicht ist.

So bleibt mir nur zum Schluß zu sagen: Dank allen, die mit mir arbeiteten und mir jeden Tag im Institut für organische Chemie zur Freude machten. Ich sagte einmal im letzten Jahr meiner Tätigkeit: „Ich habe mich über meine Mitarbeiter und das Institut in seiner Arbeit niemals in all den Jahren wirklich ärgern müssen! Mögen Sie dies als Kompliment und meinen Dank auffassen!"

FSC
www.fsc.org
MIX
Papier | Fördert gute Waldnutzung
FSC® C083411

Zeitfracht Medien GmbH
Ferdinand-Jühlke-Straße 7
99095 Erfurt, Deutschland
produktsicherheit@kolibri360.de